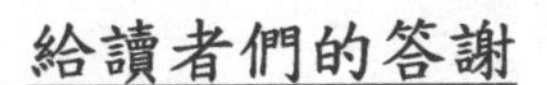

給讀者們的答謝

很久以前，我曾閱讀一本書，作者在序言中答謝讀者看他的書，我記得他說，要讀者花時間看一本書已經是不容易的事，他說讀者要多謝自己！他提醒我，的確，在這訊息萬變的商業社會裡，有很多的引誘或藉口不會閱讀書籍，例如年輕人會花時間打遊戲機、上網、預備考試；中年人會看電視、工作、照顧家庭；老年人享受退休生活或有各種疾病帶來痛苦而不會閱讀等。同時，網上和手機有大量免費資訊，他們都不會花心思閱讀書籍或購買書籍。

在我做資料搜集時，體會到會閱讀精神病書籍的人，大多數是本身患有精神病的人、他們的親友、從事醫護行業的人、研究生和學者等。如果你是患有精神病的人，你更要感謝自己，因為你主動尋求出路，樂觀和積極面對精神病！因此，不論你是什麼人，什麼原因閱讀我這本書，我都十分感謝你，當然，如果你是以金錢購買本書，多次重複閱讀或推薦其他人閱讀本書，我會萬分感激，謝謝你！

自序

我曾經失去摯親、摯愛、失學、失業、破產、失去健康和自由，一無所有，依賴綜援渡日！但是，經專業的醫療團隊伸出援手，親友們的支持和鼓勵，加上自己的多年努力，終於走出困境，正面面對人生，希望我的經歷，能令大家有所反思！

我寫此書是希望引起社會大眾的共鳴，正面看待青山和情緒病，不會望而生畏，更令患者可以及早醫治，活出精彩人生，避免像我這樣的悲劇家庭產生，亦希望透過此書跟大家分享我的心路歷程。

如果讀者對本書有任何意見，歡迎電郵作者楊韶臻：
writeryeung@yahoo.com

青山醫院

神秘角度

作　　者 | 楊韶臻
書　　名 | 走出青山
出　　版 | 超媒體出版有限公司
地　　址 | 荃灣柴灣角街 34-36 號萬達來工業中心 21 樓 02 室
出版計劃查詢 | (852) 3596 4296
電　　郵 | info@easy-publish.org
網　　址 | http://www.easy-publish.org
香港總經銷 | 聯合新零售 (香港) 有限公司
出版日期 | 2022 年 3 月
圖書分類 | 心靈勵志
國際書號 | 978-988-8778-53-9
定　　價 | HK$80

Printed and Published in Hong Kong

目錄

讓讀者更了解青山

在本書序言中，提及很多人認為青山是一個很神秘，很可怕的地方，以我看法，其實是不認識才會有這樣的看法。我英文科成績很差，只能靠夜校進修，過往的二十年，做過三十份工，當中曾經做老人院、智障人士院舍、私家看護，有照顧員(PCW)和社署承認的保健員(HW)牌照。

雖然不是直接在醫院工作，但都是醫護業的一份子。加上，我本身在青山接受治療超過一年，我可以把所見所聞的經歷，給大家分享！

所謂一樣米，養百樣人，入青山的人來自五湖四海，有輕、中和重程度。我不是醫生，當然不可能一一列出，大概知道有抑鬱症、躁鬱症、思覺失調、酗酒、濫藥、智障和強迫症，還有不同的情緒病......

當中，抑鬱症較多，估計香港有百分之十以上有此病，但有些是輕，中程度，沒有尋求專科醫生的幫忙，例如找朋友傾訴、找社工、看臨床心理學家或家庭醫生等......如果病情不太嚴重，亦沒有傷害自己的傾向，都可以用一般減壓方法：包括跟朋友傾訴心事、做健康的運動和注意飲食，定期約家人和朋友聚會，並且做自己喜歡的事和有良好的睡眠習慣。

躁鬱症全名是狂躁抑鬱症，屬於重性病之一，本港有百分之一是患者。另外，有較多患者的是思覺失調(精神分裂症)，本港總人口中有百分之一至二，以七百多萬人口計算，前者有七萬， 後者有十萬。這兩個病的患者，多數病發於20-30歲，而大多數的情緒病都是遺傳和環境因素造成。

狂躁抑鬱症是腦內血清素失去平衡而病發，其中分抑鬱期和狂躁期。簡單說，前者是對一切都有負面情緒，甚至自殘或自殺；後者則情緒極高漲、有新奇刺激主意、感覺自己很重要、很多精力和不用睡覺。思覺失調則是腦內的多巴胺引起，代表思想和感覺的失調，包括忘想、幻覺、言語和行為錯亂等......

此外，酗酒及濫藥，對香港人應該不陌生，前者是自我行為導致，後者是遺傳因素較多。強迫症多數是自我重複做單一或以上的活動，較為常見的症狀是自己不停洗手......

其實，我已入青山醫院多次: 2014 年、2016 年、2020 年(因新冠疫情而沒有探病，同時不論病情輕重，一入院要入隔離病房 14 天，之後才按病情安排轉病房)，當中，有多次聽到有部份院友，因心急想快一點出院，說醫生和護士想留多些院友不出院，以確保自己有工作。我一口反駁，單看躁鬱症和思覺失調，在香港的患者有十萬以上，而青山醫院只有一千多張床，即使加上其他醫院的精神科病床，都不能應付所有患者入院，況且，以我所見，病床十分緊張，差不多一出一入。

承上所言，精神病患者中，很多是因遺傳與環境因素影響，患者本身未必會發現，而病發年齡大多在青少年至成年期間。眾所周知，這是人生的重要關頭，甚至是轉捩點，包括上學、工作、升職、談戀愛或結婚等。當中，學業比較容易解決，因本港的讀書制度是可以重讀或讀另一課程再涵接，因此不用擔心太多；工作則可以抱着「東家唔打，打西家」的心態，所謂行行出狀元，如果是好老闆，不會介意等你出院；談戀愛與結婚即代表與另一半的感情，如果是地久天長，應該會共渡難關，如果是大難臨頭各自飛，那就不會是共渡人生的人選了！

在醫院裡，醫生是中心人物，之前，有位院友曾告訴我：「呢度係醫院，有咩事，搵醫生！」而另一位護士看見我身體有部份皮膚抓傷了，叫我跟醫生說，我心裡想，大小事都找醫生，難怪醫生會日理萬機！

其實醫生並不單單是開藥這麼簡單，當中做了很多協調工作。我入了三次青山，有四位主診醫生，一位顧問醫生，我都覺得他們幾好，醫者父母心！由於很多人都未必知道醫護人員做什麼，我就以自己的認識，略為介紹給大家知道！

有很多人說臨床心理學家是心理醫生，但臨床心理學家只可以用言語開解病人，他們並不能開藥；而精神科醫生就可以開藥，青山的臨床心理學家會優先處理有自殺傾向的病人。

社工的工作是很廣泛的，青山的社工是會優先處理需要宿舍的個案，因青山的病人中有很多是無家可歸的，然後申請政府津貼等；家訪服務則分開處理，社工會為出院的病人定期作家訪，跟進他們的康服進度。

物理治療師則用儀器(較嚴重)或身體放鬆運動，協助病人康服。藥劑師就簡單易明，負責藥物處理。營養師則負責按照不同病人的體質、需要和喜好等分配病人的飲食，但青山只有一位營養師，很難才可以見面去更改餐單，簡單的更改可以找護士幫忙。

職業治療師則在我第三次入住青山才知道他們涉及多層面的工作，不遜於社工。有職業治療助理與職業治療師之分。職業治療助理逢星期一至五，早午兩次帶領做運動，然後半小時一節做細OT(職業治療活動)，做簡單練習、遊戲、手工、文書或繪畫等等。而大OT，有4個活動(要去另一座大樓)：賣小食、賣衣服、入餐紙和文書處理(2020年新冠疫情期間，前兩者暫停)。由於大OT分兩節，每節有3元津貼，因此簡稱返工。而職業治療師會按4個層面來找院友溝通，包括：工作、日常生活、認知能力和社區生活，除了做運動，全部職業治療活動要經醫生轉介。

還有，護士(姑娘)，分註冊護士(RN)和登記護士(EN)，RN可以單獨處理各種醫護程序，EN則須在RN監督下執行工作。

因此， EN 會做較簡單的護理和看管工作。而醫院經常會訓練護士學生(姑娘仔或同學仔)，他們都是 24 小時服務的。最後是病房助理(姐姐)，很多人都以為護士是直接照顧病人的工作人員，但大家比較少留意前線姐姐服務病人的貢獻。

以上所及，都要醫生轉介才有。但對於我而言，自小爸爸對我的照顧少之又少，自小已習慣了自力更生，有什麼需要就會自己想辦法。自從工作後，工作、學業、家庭、朋友和義工，忙到沒有時間休息，從前的我，把健康放在尾位，我反而不習慣被醫生照顧。

我勸諭因病入院的人，可以把青山想像是學堂一樣，入來見識一番，到了得到治療出院後，像出學堂一樣，重新開始新生活，脫胎換骨一樣。

讓讀者更了解青山

很多人都不明，為何入院時間要那麼長，青山又有那麼多規矩？其實，青山是一個很著重安全的地方，由於有很多病人都是有自殺傾向而入院。所以，任何有機會傷害自己或別人的東西，都不可以用，例如：繩、線、筆、玻璃、長毛巾、針、釘和膠袋......出入都要鎖門的。

而治療時間長的原因是藥物可以令腦部失調的病徵減退，但會有機會復發，精神科藥物不是止痛或感冒藥，有即時效用，一般要持續數月才開始見效，因此持續的藥物治療會有鞏固康復，大大減低病發風險的作用。

長期住院會有不自由的感覺，但我在 2014 年和 2016 年入院時，有探訪時間，只要有醫生的「行街紙」可以到樓下餐廳吃東西，又可以去花園行一下，看一下手機，其實都不差，但到了 2020 年，因新冠疫情，什麼都有限制，又不可以帶食物，自由度的確有差距，只有依賴「相聚一刻」(青山的指定供應商)訂零食，品嚐一下不同味道！

讓讀者更了解青山

有院友為了安慰一下住院的不安，寫了幾項住院的好處，現跟大家分享一下：

1. 便宜住宿費(HKD$100-以現在行政費計算)
2. 五餐定時吃，不用煮(早、午、下午茶、晚和宵夜)
3. 有醫療團隊，包括醫生、護士......
4. 有藥和藥膏
5. 有身體檢查
6. 有電視
7. 可看書和報紙
8. 有院友(有人陪)
9. 有專人做清潔
10. 24 小時衡溫冷氣

其實，青山醫院很大，A、D、E 座是病房大樓，C 座是覆診大樓，F 座是禮堂及專職醫療設施，S 座是精神健康學院。當中，我只入了 E301(因新冠肺炎要隔離 14 天)、E201(E 座是收症病房）、D302、D102（D 座是康復大樓，即病情較穩定的，當中D102之前是智障男病人病房，睡房牆身有尿臭味，因 D302 要裝修，我們要暫住 D102)，所以我只可說出這些房的大概分佈。

E201 除了有睡房，還有休閒室和電視室，而我 2020-2021 年住得最長時間的 D102 病房，每個睡房只有幾個病床，總數五間房，超過四十多張床，三個廁所。飯堂則有兩個廁所，有大電視、有食物櫃，可以放零食，病房助理(姐姐)會派乾糧、麵包、牛奶、三文治(需要營養師安排)等，旁邊有露台，可以散散心，又可以踏健身單車。因新冠疫情關係，沒有探訪，有三節打電話時間(12:30、15:30 和 20:45，每次 3 分鐘，親屬可視像通話)下午有空時，又有畫畫、填顏色、迷你麻雀、摩力橋、啤牌、UNO、波子棋、象棋和飛行棋，還可借筆(本書的初稿就是在這時寫的)等，每日中午可看報紙，指定時間可借書。

以上是病房裡的基本設施，以下再介紹一下基本一天的日程：早上六點刷牙＞之後起床＞出走廊排隊＞量血壓＞問大便＞姑娘派藥＞早餐＞入睡房小休＞出飯堂訂零食＞職業治療助理帶做運動＞入睡房準備沖涼＞見醫生、社工、職業治療師等(每位病人有不同的醫護人員按治療療程接見）＞午餐＞下午活動＞小休時間(細 OT/開食物櫃/派下午茶/打電話/量血壓/休閒活動)＞晚餐＞行露台＞量血壓和問大便＞派藥＞刷牙＞打電話＞睡覺，以上是青山 D302 病房裡一天(星期一至五)的行程。

我是躁鬱症病人，重症病人，早預了住院時間要較多，而疫情關係要隔離病人，一入院，要在 E301 隔離 14 天，再去 E201，醫生要我的藥穩定後再轉去 D302，之後再建議做腦電盪治療。我當時曾問醫生，這個治療逢星期一、四做，那麼可以出院，再星期一、四回來治療嗎？醫生說不可以，其實我都明她的憂慮！

其後，因新冠疫情關係，腦電盪治療手術暫停，醫生再建議我服食「可治律」雖然我信醫生會權衡利幣，替我制定適合的治療，但我在疫情下，不想留院這麼久！況且，我知「可治律」是非常重症的治療方案，我拒絕了醫生的建議！我曾經有個傻傻的想法，醫護人員(護士除外)，大多數都是星期一至五辦公，那麼星期六至日便有空，可以放一些「醒目」的院友出院，由家人作擔保。但醫院不是宿舍，不容許我這樣的做法，住醫院反而可以休養生息，使家人對病人更加關心！留得青山在，那怕沒柴燒！

我的其中一個主診醫生，曾經對我說，不要以為醫生想多留病人，他會按需要，定下治療方案，如果我的治療需要這麼久，着急都沒有用，醫生會以我的健康為首！他們會因事制宜，認為我可以自食其力，各方面都康服，便會放我出院!

重點是其實全體醫護人員都想病人可以早點出院!

參考:

《抑鬱症》青山醫院精神健康教育委員會

《認識氯氮平》青山醫院精神健康學院

《不鬱不躁》青山醫院精神健康學院

《思覺失調》青山醫院精神健康學院

《青山醫院》精神健康學院

青山醫院簡介及背景和青山醫院入院須知

腦電盪療法(ECT)

「腦電盪療法」Electroconvulsive Therapy(ECT)，主診醫生建議我做ECT，我問過一些院友和朋友，都有正面的評價，而醫生強調可以替我減藥，令我都很期待ECT，醫生替我預約了10次的治療，由於ECT不是有很多人做過，我都介紹一下：

腦電盪療法的功能在於電流能在腦內不正常的生化狀態矯正過來。ECT的過程相當於一個全身麻醉的小手術。

做之前要禁食數小時，即不可以吃早餐。還要驗尿、驗血糖、量血壓、磅重和吸哮喘劑4口，為怕做完後體力不支，來回坐輪椅。開始前，病人頭部、胸口都貼數張通電貼紙和電線，口腔放入牙膠。同時，一直量血壓，當然手部要打入麻醉藥，還有用呼吸機，一面吸氧氣，一面進入睡眠。期間病人的心、肺及其他身體重要功能都會受到嚴密監護。醫生會在病人頭部通過微弱電流，使腦部發生輕微抽搐反應，整個過程維持約數分鐘。

腦電盪療法(ECT)

我問護士們，當我被麻醉後，看到什麼，她們說只見我被電了幾下，很快就完了。麻醉後半小時，我便醒來了。

我第 1 次電 ECT 後，感覺到頭痛和牙胶痛，第二天凌晨 4、5 點，則全身痛，尤其是背肌抽筋、小腿抽筋，下床都有困難，幸有院友替我按摩幾下，再病房助理平姐拉我下床，才可行路。之後，我告訴醫生此情況，她知我有這麼強的反應，在第 2 次治療開始前，減了早兩粒、晚兩粒的抽筋藥。

其後，做第 2 至 4 次治療都頗順利。醫生說頭兩次是試電，之後會慢慢加電，因此第 2、3 次電後都沒有特別感覺，只有少許頭痛，第 4 次就減了鋰制。第 4、5 次電後，思想緩慢了一些，正如醫生說的副作用一樣，第 5 次後，身體比之前疲累，護士姑娘特意讓我睡了兩小時午睡。下午見醫生，問了她，不用再記水了(因護士說之前吃鋰制，要每天喝 2000mL 以上的水份，否則會中鋰制毒)，今次見醫生，跟她說了我想生 BB 的計劃，醫生說，要我和另一半一同去見她，再商量生

BB的計劃。因我現在吃的紫色藥(Epilim)說明是不可以懷孕的，否則會生畸胎，要醫生慢慢地減藥和調藥，才可考慮生育計劃。

第6次電後，頭不太痛、有點腳軟、思想緩慢，對藥物的反應大了，之後一、二天都有肚瀉的情況，醫生減了我的大便糖水。第7次電後，跟之前差不多。第8次電後，精神，但有點腳軟、思想緩慢、有點想不到東西，見醫生都想不到什麼，兩天都未恢復，醫生話ECT對我有效，加了6次電療，即共16次，比我預期還要多，大概要留院多一個月。

第9次ECT後，精神，沒有睡意，但思想緩慢，手震問題有改善，按照預期，加碼6次，即預計一個多月後可出院，醫生護士們經常問我電前電後的分別，我覺得電前的我較為自信，會展現自信的笑容，電後則心情較為平和一點，也可能是住院休養的關係，沒什麼刺激和壓力，很難作出比較。但我高興醫生減了抽筋藥的份量。

第10次電後，不知為何，頭痛腳軟，回病房後，職員准我進病床休息，午膳後睡到下午兩點九，護士說有四位醫科學生想見我(港大六年級生)做實習，見面至下午四點三，小休一會，五點聽護士學生主講的睡眠講座，九點回病房休息，同房有一院友找我聊天，十點多才睡覺。

翌日，有另外四位醫科學生，在早上十點左右來找我實習問話，問題大約與昨天的醫科生差不多，交談約半小時，我便去職業治療小組活動，大約20分鐘，又有護士通知再見剛才的四位醫科學生，詢問病情。午餐後，聽精神分裂講座，小休一會又幫忙淋花和抹梳化。其實青山的康復大樓活動都頗充實。

第11次ECT後，精神，有輕微頭痛和腳軟、思想緩慢，晚上六點，主診醫生接見，但我的腦像雲一樣，什麼都想不到，醫生問我出院計劃，我憑記憶答她，但都是很初步的主意。現在疫情中，世界在變，而我處於被動的角色裡，其實我多次強調，有很多原來的計劃都有變，但醫生想我給她答案。我很喜歡旅行，不過疫情中，出入境都有問題，還是留港觀察一下。而我剛搬屋不久便入院，要收拾新居。我亦想租的士熟習路線，令我的退休之路有多一個選擇。另外要夜校進修，取回我的專業資格。還有很多朋友很久沒有聯絡了，不知道近況如何？

翌日，睡醒後較清醒，但從前很自信的心算，仍是慢了一點，例如500÷20，想了很久才想到答案，記憶力亦是一般般！但對藥物的反應有改善，例如大便藥(之前是經常便秘，每3天通大便)。經過10次ECT後，跟我在朋友口中聽到或預期的效果有點差距，朋友最初跟我說ECT可以通大腦，令記憶力和反應力都加強，但我沒有這個感覺！醫生說不可以太急進，一般要3至6個月會慢慢改善。

第12次ECT後，精神，但頭腦思想緩慢，輕微頭痛腳軟，午餐後無礙，但頭腦都是想不到東西。我覺得精神幾好，打算下次見醫生時，商量一下減電 ECT 或減藥，下午三點左右，職業治療師(OT)梁姑娘約見，我把這想法跟她說，她說想約我給 OT 學生做實習個案，我答應了她。下午三點半，致電爸爸，把想縮短做 ECT 的安排跟他說，他說醫生曾說加電 ECT 可以令我病發的機會減低，勸我相信醫生。

第 13 次 ECT 後(18-3-2021)，ECT 中心的職員讚我寫給醫生的電後感寫得好，尤其是佘姑娘，多謝他們，但我當時腦袋空白一片，想不起自己寫了什麼，感覺想睡但睡不到，大半天都在遊雲！ 電後回病房，不久，醫生接見，但我仍想不到什麼！其間，我們有討論生 BB 計劃，她說我各方面都不穩定，臨床觀察表現不理想，建議加紫色藥(Epilim)由 500mg 至 800mg，並明顯表示要多留院一段時期，我當時不高興。醫生說我身體不好，不能再加藥，她想我在各方面都穩定一點，包括藥物、身體、感情和工作等才考慮下一步計劃。藥物和身體可以在醫院調理，但感情和工作要靠自己了！不能急，也不可以單方面自己空想！

腦電盪療法(ECT)

第14次ECT後，到療程的尾聲，很多護士姑娘和病房姐姐都問我何時出院，爸爸卻叫我不要問醫生，怕醫生嫌我煩，我認為醫生應該自有安排，不過職員鼓勵我問，病人有知情權。

電ECT前，很多人說ECT可使我頭腦轉數快一點，但OT梁姑娘問我出院計劃，我都忘記了之前跟她說什麼，記性還是差了一點！醫生比較關心我的感情和生BB計劃，我回答她要出院後才溝通，她亦擔心我的職業動向，我話想揸的士，她說會找OT姑娘先跟我做評估。我們這些情緒病患者是要每十年續駕駛執照時重新做駕駛評估的。

第15次ECT後，同樣想不到東西，轉數慢，回病房後，醫生很快便接見，她第一次主動提及出院安排，說下一次是最後一次 ECT，之後觀察兩星期和建議加紫色藥(Epilim)由800mg至1000mg，穩定後，再做組織家庭安排。我希望電ECT後，過數天就可以回復正常思路。

腦電盪療法(ECT)

第16次ECT後，思路都是慢了一點，下午三點醫生接見，說要初步觀察兩星期，又正式加紫色藥到1000mg，穩定後才安排出院，一星期見我一次，再次問我出院安排，例如工作，我說先休息一段時間，出院後問出書安排，取回電話，回覆需跟進事項，安排進修等。其間，我有問醫生為何選擇替我做ECT，她說我身體差，不可再加藥，這是最後的選擇。

參考：

《腦電盪療法》醫院管理局

腦電盪療法(ECT)

醫科學生的重點問題:

今次為何入院?

有沒有覺得自己有超能力?

有沒有胡亂花費?

有沒有很多想法?

是否覺得有夢想想實現?

有沒有過度自信?

是否需要很少睡眠?

我的心路歷程 － 由抑鬱症到躁鬱症的自身經驗

我媽媽生長在一個非常重男輕女的家庭(我的外公外婆)，因此很年輕便有自組家庭的想法，18 歲便結婚，19 歲便生了我。可惜，我爸爸是個更重男輕女的大男人，生了兩個女(我和妹妹-年輕我三年)後，媽媽便有產後抑鬱症，在我 4 歲的時候，跳樓自殺身亡！

媽媽的死亡，使爸爸、我和妹妹都有情緒病！她死後，我和妹妹入了孤兒院。我有意識由 5 歲開始，感覺被人遺棄，每晚都以淚洗面，於是孤兒院的職員叫爸爸把我接回家，但回家後，我才發現，走進了另一個深淵。不久，妹妹亦被接回家了。

自小，爸爸就經常打我，打我的次數比妹妹多很多，他認為即使是他錯，基於尊嚴，會莫須有地打我;如妹妹做錯，他會責備我沒有照顧妹妹。我經常想，為何做爸爸沒有責任，做姊姊才有責任？

並且，爸爸經常無辱我，包括經常話我白痴和無用......更甚者是不論我和妹妹做什麼，他都反對，踐踏我們的自尊心，使我們沒有安全感！

同時，爸爸把錢看得比天更大，凡關於要花錢的東西，便會埋怨「肉赤」和心痛，包括學生時代的基本書費、校服、學校旅行和雜費等的必須開支，使我們每天都活在痛苦裡，但他什麼都不明白，堅持我行我素，他有傳統的思想，只願花費在食物上，所謂「民以食為天」。所以，童年時十分害怕爸爸，不敢正視看他的眼神，當他放工回家時，我和妹妹立即關燈裝作已睡覺。

爸爸亦是一個雙面人，對街外人，會做一個好好先生，表現自己很偉大，但事實上對兩個女兒十分吝嗇，對兄弟比對女兒好，把所有餘錢都給予家鄉的兄長！他思想傳統，認為只有親戚，沒有朋友，不會交朋結友的！

我的心路歷程－由抑鬱症到躁鬱症的自身經驗

在我和妹妹的小時候，爸爸除了上學外，不准我們出街。即使生病都不帶我去看醫生，當我病得下床也有困難時，才帶我去看醫生，他認為醫生的診金貴，可免則免。長大後，我亦有問他為何不讓我看醫生，他說自己身體好，55歲才有需要看醫生，以為我想找藉口偷懶不上學。

我覺得他對我們好的事是去同區住的伯伯家吃晚飯，但不久後，伯娘嫌他的飯錢太少，所以沒有去了。還有，我覺得爸爸對我最好的就是讓我學空手道，儘管他經常說學費很貴(每月二百元)，但他也讓我學了兩年(中二至中四，因會考停學了)。

在我童年時，爸爸對情緒病不認識，亦有十分負面的看法，怕我和妹妹知道媽媽產後抑鬱症跳樓自殺後，有負面思想，只說媽媽是病死。媽媽死時，只有23歲，使我以為自己會有什麼遺傳病，很年輕便會死，讀書亦沒有特別用功。

我的心路歷程 – 由抑鬱症到躁鬱症的自身經驗

小時候，曾有很多人(包括同學和親戚)問我，沒有媽媽，有沒有什麼不愉快或問我有什麼看法?我當時少不更事，不知道「媽媽」在一個家庭裡是十分重要的！我以為媽媽沒有眼光才選擇了爸爸，媽媽跟爸爸的性格很相似，爸爸像一個怪獸，我每天面對他已經生不如死，如果家裡有兩個怪獸，那就更糟糕了！所以童年時，我不覺得沒有媽媽是壞事。

由於沒有家庭溫暖，妹妹寄情於愛情，十幾歲便開始拍拖，當跟男朋友分手便自殺，爸爸便不敢把我們管得太嚴，我亦這樣才知媽媽是產後抑鬱症跳樓自殺的！

最後，妹妹離開了香港這個傷心地，嫁了去台灣，現在生了一個兒子。我每年都會飛去台灣探望妹妹一家，除了疫情不能去。

我的心路歷程 - 由抑鬱症到躁鬱症的自身經驗

自小，我有個想法，因爸爸對我不好，12 歲時就想了，如果將來有自己的孩子，我會對他供書教學、傾囊相授、培育成材、晚間傾心事和陪他睡，更想好了孩子的名字，希望他不會像我有不愉快的童年。

由於爸爸重男輕女，在他影響下，我的性格都有一點男性化，性格孤僻，較自我中心。中學時，同學改了花名 X 哥，沒什麼朋友，我現在的朋友都是畢業後認識的。

另外，我有四個夢想，如我讀書不成，便做的士司機；學有所成就做 PhD(博士)；略有成就便做傑青；還有，大多數人都喜歡的環遊世界，但眾所周知，這需要很多時間和金錢，所以我逐少達成。由於我的英文科成績很差，所以，第一個夢想較易做到，但事後才知，原來的士司機都很難做到，由 2009 年至 2019 年，我用了十年，考了五次才成功考到！

我的心路歷程－由抑鬱症到躁鬱症的自身經驗

由於英文不合格，不能直升大學，我讀了夜間文憑課程，再函接浸會大學的會計系遙距課程。讀夜間課程時，認識了初戀男友，但拍拖兩星期便分開了。當時，日間做 7-11 店務員，晚上讀夜校，沒有太多時間拍拖和休息，亦未有心理準備去計劃未來，便分開了。

當升讀浸會大學後，要讀 18 科才可畢業，而每科都要交數千字論文，每次都花很多精神和時間才可完成。有一次，經電郵交了數千字論文後，如釋重負，剛好 Yahoo(雅虎)的社交平台賣廣告，「 Yahoo 有緣人」在電腦桌面上不停的閃爍，看似頗有趣，我便在半天時間內，回應了過百「有緣人」，並留了電郵地址待覆。

然後，翌日睡醒，有 80 位「有緣人」在電郵回覆了我，當中，有部份直接留了電話號碼。我致電第一位時，仿似老實人，便約出來吃飯，沒有特別，之後都沒有聯絡。第二位則直接地說他(小強)想找女朋友，說了數句話便說追求我！ 當時他未見我真人，只憑相片便說追求我，我當然不會當真，亦覺得他可能對其他女生都會這樣說！他叫我猜他做什麼職業，他說自己是專業人士，我感覺他有點輕浮，猜他不是醫生、律師、會計師......他說自己是註冊護士，我當時想了一想，因我很少看醫生，以為只有女護士，但醫院有男病人，有男護士都不出奇！

之後，小強主動約我吃飯，他說約兩星期後便生日，想請我吃飯，我跟他說：「如果真是你生日，我請你吃飯。」他很高興，並問我什麼時間放工和工作地點，我跟他說八點放工，但當晚他六時已到，並說等了我兩小時！

然後駕車去深井的法式小店吃晚飯，當付款時，他刻意望我是否真的拿銀包出來付款，當我付款時，他回心微笑，我猜他覺得我不是貪慕虛榮的女生而高興。晚飯後，他載我回家，當時我住樂富，其間，他停下車說要去洗手間，並放下銀包給我，我一看，他真的當天生日，並覺得他的舉動很有趣！

我的心路歷程 – 由抑鬱症到躁鬱症的自身經驗

我知道小強想找女朋友，便跟他說可以介紹女生給他認識。當年，我二十出頭，同齡的朋友喜歡朋友圈當中，有人生日便去唱卡拉 OK、BBQ 和吃火鍋等群體活動，我都有帶他出席，有朋友多次問我，他是不是我的男朋友，我都回答不是！

我認識小強的時候，是一個金融經紀，做了數月後，發覺不適合自己，便辭職了，但我學習了金融知識，畢生受用。之後，我借了十萬元開補習社及研究收購小生意，最後蝕幾萬離場。其間，我認識了保險公司高層畢生，他在我幾次困難時，都有給我寶貴的意見，真的謝謝他!

如是者，小強多月來跟我去不同的聚會及約會我，直到有一晚，他邀請我看電影《史密夫、史密妻》，講夫妻關係，令我有點感動，亦思考一下跟異性的關係。看電影後，他車我去山邊看風景，然後叫我抱他一下，我感覺到他胸肌廣闊，他唱了一首歌給我聽，那時，我不知道是什麼歌，後來看電視才知是《童話》。

他再一次跟我表白，今次我接受了他的追求！我自知自己有脾氣，他亦未必可以接受，不仿給他一次機會，給他一個試用期（我心想）。翌日，他要通宵工作，約我下一晚到他家裡吃火鍋，我問他會不會看到他父母，他說會，又說他們很友善，還有其他朋友。我起初怕第一天就見父母有點奇怪和尷尬，但最終都是硬著頭皮去了。那晚，因為怕羞，我吃很少東西，任何人問我，只說腸胃不佳。

由於他住屯門，我住九龍，很多時，他都要車我回九龍，我怕他工作辛苦，駕車無神及危險，靜靜地考了車牌，但當我成功考了車牌後，他以我性格急進有危險為藉口，不准我駕他的車。但他很愛惜我，原本駕的私家車，年份高，冷氣又壞，選擇換車時，我在車場看中了一部電動坐椅私家車，他便在網上買了一部同款的二手車，並議價由$36,000 降至$30,000。

我的心路歷程 - 由抑鬱症到躁鬱症的自身經驗

2006-2007 年，我們儲蓄結婚，開聯名戶口，每月定期買外幣，由於我想避免其中一方可隨意拿錢出來令儲蓄計畫失敗，刻意要求買外幣存款並要雙方簽署才可拿錢出來。

小強喜歡踢波，在我們拍拖後不久，他告訴我，之前踢波後傷腿，休養了半年，避開了 2003 年「沙士」，若有其他傳染病，他要首當其衝地進入隔離病房，隨時有生命危險，他又強調自己認識「沙士」時殉職的醫生。況且，2007 年有禽流感，令他的負面情緒加劇，我知道他有抑鬱病。

由於他本身是醫護行業，見盡不少生離死別和各種疾病，他經常都對我說年紀大時會有各種疾病，例如腦退化症、中風和要坐輪椅等，令我有心理準備。其實我不介意，並預計了將來會推著輪椅，帶他去海邊漫步，跟他說我們過往的歡樂時光和看相片。

我的心路歷程 - 由抑鬱症到躁鬱症的自身經驗

在我認識小強不久，他便告訴我有提早退休的打算，當時，我問他為何那麼年輕有這個想法和說註冊護士的薪金都不少，又可以幫人，不好嗎? 他回答做那行，厭那行，看到生老病死，有病人死亡都不能救他，感到很沮喪！而跟我在一起後，想跟我去環遊世界，我問他要多少錢？他說 500 萬。

其實他是一個好好先生，對家人和朋友都很好，媽媽是登記護士，妹妹是社工，爸爸已退休，但他堅持自己一人負責供樓和全家的水電費，每月支出一萬多，國內還有物業，月供二千多元，其實都頗吃力，我覺得他可跟家人商量一下，分擔壓力，但他堅持自己是長子，要有承擔，我覺得他是自己給自己壓力。

小強曾經計劃頂讓一間私營老人院，然後退休。我們曾向一個收購老人院的中介人了解收購價，預計 500 萬。為了多加了解他，我在 2006 年讀了起居照顧員(PCW)課程，做了三間老人院，職員都覺得我太年輕，浪費青春。其中有一間老人院負責人，認為我太年輕，做護理員太浪費，想推薦我讀護士課程，但我自知英文不好，讀不到藥名，所以拒絕了。

由於多間老人院都認為我太年輕，做不長而不聘請，而我已了解老人院的運作和所需價錢，年尾，我轉做行政工作。但當時的薪金微薄，同時應付四個老闆，其中一個老闆曾為節省 2 元的問題上，對我訓話半小時，我心想，留下來都沒有意思，不久便辭職了。

小強與我一樣，有環遊世界的夢想，我們拍拖後不久，他便提出每年去旅行兩次的要求，我一口便答應了。2006 年尾，我們去了老撾(寮國)，認識了黃生和黃太。黃生很好，他亦是在我多次需要幫忙時，伸出援手的人，真的謝謝他！

由於我在單親家庭成長，爸爸亦不是一個好榜樣，給我很多和很大的陰影。長大和踏足社會後，見識多了，朋友圈擴闊了，才知道一個完好的家庭應該是怎樣的。畢生和黃生對家庭的承擔和對子女的照顧，令我獲益良多。

2007年，我找到一份人事部助理的工作，薪金比之前多50%，這工作要處理800人的人事工作，當我入職後不久，上司要求老闆加薪被拒，即時被解僱。由於我在試用期表現良好，老闆升我為人事部經理，於是我24歲前，就做了經理。別人說經理即代表萬事都經你做，其實都差不多，老闆加了15%薪金，但增多了兩倍工作量。而前上司留給我的資料很零碎，要花很多時間做資料整合，報稅前要通宵做稅單。

當我升職的同時，正是香港經濟動盪的時刻，尤其是股市，每天都大起大跌，恆生指數上落動涉千點，令很多人都迷失在股市當中！早前，小強曾考慮過多方面的提早退休方法，包括青山招聘精神科註冊護士、私家醫院做註冊護士、地盤註冊安全主任(RSO)等......他聽朋友說RSO人工高，問我好不好，當時我都不知道RSO的工作性質，不能給予什麼意見。

我的心路歷程 - 由抑鬱症到躁鬱症的自身經驗

小強當時住的樓宇是 2002 年以 145 萬買入的 801 呎頂樓連天台單位，他的朋友告訴我，當時他十分高興可以以低價買入優質單位。2007 年，他曾對我說經常有地產經紀問他 250 萬賣不賣，我知道他有供樓壓力，曾勸他可以大單位變兩個細單位，一個自住，一個租出去來減輕經濟負擔。但他堅持說爸爸十分喜歡現時的單位，天台種滿了蘭花，每天也上天台悉心打理，所以不願意賣！

他看見股市每天都波動，於是祈望可以「搵快錢」，便借了 40 萬炒窩輪，當市況好的時候，升值到 100 萬，他沾沾自喜地跟朋友說自己是股神，我曾勸諭他不要過份囂張和「見好就收」，當然，他沒有聽進入耳！他祈望可以一次過賺取退休的金額和解決所有經濟問題，但最終，100 萬變 1 萬，他精神和自信都崩潰！之前，他曾經對我說，給我 20 萬替他選擇投資，我自知賭徒心態，即使我替他賺了 100 萬也不會心足，下一次會輸得更利害，可能是 1,000 萬，無底深潭，輸不起！因此沒有替他投資！

我的心路歷程 － 由抑鬱症到躁鬱症的自身經驗

他失意的時候跟我說:「我咩都無啦！」我笑說:「不緊要啦！你以為自己是千萬富翁嗎？你不懂理財，以後我每天給你 200 元！」他對我笑。他曾經有女朋友選擇他是因為他是專業人士，有高薪厚職，收入穩定，而不是真正喜歡他，令他不高興。但我選擇他，從來都不是他是註冊護士或業主！

他精神崩潰後，抑鬱情緒加劇，當我陪他出街時，他刻意推開我的手，睡覺時亦全身發抖！有一次，他問我想要什麼，我知他會盡力去做，我回答:「我要你」，他回答:「我什麼都可以答應，只有這個不可以！」其實，從蛛絲馬跡和他的性格，我知他有抑鬱症，並且有自殺的打算，亦會選擇「不連累」家人的方法去結束自己！

小強媽媽都有留意自己兒子有情緒起落變化，她對我印象不好，起初我們拍拖時，小強有幫助我部份生活費，之後又急於求勝，借錢炒股，令她以為我是貪錢的人，只是兒子喜歡便無話可說！

我的心路歷程 - 由抑鬱症到躁鬱症的自身經驗

我知他情緒低落，所以 2008 年農曆新年假期，我和他去了泰國曼谷旅行散心。豈料，弄巧反拙，中途大部份團友都飲了不潔淨的水，而我身體弱，成為最嚴重的一個，肚瀉了 30 次，進了頭等病房，亦不能繼續行程，令他的情緒更低落。他看著病房的落地玻璃時，心想帶我回港後便了結自己！回港後，我緊記告訴他父母要看管他！

之後，他的情緒開始急速轉壞，有時我聽到他喃喃自語說：「You jump, I jump」和「18 年後又是一條好漢！」他問我 18 年後再找我好不好，我回答他，我現在在你眼前，為何要等 18 年？之前，我建議他找心理學家，他說有同學修讀心理系，自己會找他，但我之後發現他沒有找心理學家，諱疾忌醫。

由於除了照顧他，亦要做人事部經理的繁複工作，我曾經考慮辭職，但因不想令欣賞自己的人失望而沒有辭職，很大壓力，身體不適。我怕他看見我身體不適而自責不能照顧我，導致抑鬱症病情加劇，趁他父母和妹妹在家，便回爸爸家休息三天，豈料他妹妹跟男友去澳洲工作假期，最終他在2008年4月2日，早上六點多，在住所的天台跳樓自殺了！那時，他只有30歲！

那天早上，他媽媽致電我說：「妳唔好驚，聽我講－『小強離開了』！」我問她「離開了」是什麼意思？雖然我知他會跳樓自殺，但心存盼望，像電視劇一般有帳篷承托，不致失去生命。但是，他殘酷地離開了我們，選擇了自己認為最直接，最快的路！

爸爸平常很早出門上班，那天，我致電他說小強離開了，他說：「為何妳的運命跟我一樣！」我心想－不是跟你一樣，我是你的兩倍！之後，我還要如常上班，怕自己忍不住情緒，工作時，對着電腦，一言不發，亦什麼都不吃，放工後，回到小強的家，在房間內痛哭！他媽媽說妹妹去了機場，沒有電話找到她，要找她回來處理身後事。

於是，我在網上找了所有有關機場的電話，逐一致電和留言，千辛萬苦地，終於可以在他妹妹上機前一刻找到她回家處理哥哥的後事和陪伴父母。

在商討身後事的同時，我曾提出，視他父母為自己父母，使我有多兩個父母，而他們有多一個女兒，但她媽媽拒絕了！他出事後，他媽媽的好友和大哥怕我會懷孕或輕生，刻意套我口風，我直接地回答了，免除他們的疑慮。但我堅持要為他守夜，他父母和我爸爸都不贊成。雖然我不介意陪他在一起，但是為了一百萬而輕生，實在不智，不值得！尤其是我媽媽的離開，令我明白自殺對身邊人影響是十分深遠的！我不想為身邊人加倍痛苦。

他離開後，我還要繼續工作，但我的心，痛得要爆炸，生不如死！當時，我不論看到什麼人，都像看到他的樣子，很痛苦！然後，到了月尾，他出殯的日子，由於我們沒有名份，花牌上只寫上「摯愛」，當天我戴上我送他的太陽眼鏡，泣不成聲，各親友到來都看不到我的樣子！

當他離開後，最多人跟我說的話就是妳以後的路有很長！那時，我最不願意聽到這句話，失去了他，令我感到心力交碎，沒有方向，無力再行之後的路！在辦妥小強身後事後，我有一段長時間都不見親友，不想聽那些他們以為安慰我，但我感到受傷害的話！

到了晚上，各親友離開，我都堅持守夜，大家勸我回家休息我都不聽從，這已是我最後跟他相處的機會了，當然不會放過！於是我發脾氣，氣得我想燒了整個殯儀館，連我跟他一起去！那時，爸爸跟親友說留下來看管我。那晚，跟爸爸獨處，我有無形的壓力令我呼吸困難，我覺得想見的人已天人永隔，令我沒有安全感的人卻留在身邊，不想有雙重打擊！小強身後事辦妥後，我便跟爸爸說要搬出去自己住，冷靜一下！同時，因沒有心情和金錢再上學，便綴學了。亦因他不在，我去母親的抉擇(Mother Choice)做義工。

我的心路歷程 － 由抑鬱症到躁鬱症的自身經驗

曾經在中學時，有人問我信什麼宗教及認為人死後會去那裡，我當時說相信科學，人死後代表大腦停頓，什麼都沒有，但小強離開後，我相信佛教，希望有輪迴，有緣份下一世再遇！我曾經不相信殘酷的現實，以不同的方法來解釋他的死因，包括多次找風水師算他和我的命格、測紫微斗數和塔羅牌等，亦迷上了水晶和風水擺設，花了數萬元裝置飾物櫃。有位風水師朋友教我可以抄經、誦經和學太極。之後，我都不慶祝生日，亦經常戴帽出街、不喜歡影相和連續六星期都沒有胃口吃東西，瘦了二十磅！

由於我在建築公司工作，有一分判商女兒－車小姐知道我男友去世，她介紹一位心理學家給我，那心理學家對於薪金不高的我，半價優惠($500 一小時)，但對於我來說都頗貴。當我第一次見她，只有哭，第二次見她便冷靜一點，回答她有很多減壓的方法，包括見社工、駕車、旅行和購物等，她亦建議我找社工談談。車小姐還讓我住她的屋(柏麗灣)兩星期，令我十分感動，我無以為報，選擇了一風水擺設答謝她。

我的心路歷程 - 由抑鬱症到躁鬱症的自身經驗

我的舅父，知道我男友去世，對我造成很大打擊，給予我四萬元去西歐旅行，包括德國、法國米蘭、巴黎、奧地利、意大利水都威尼斯和瑞士，當時，看到一隻 2008 年奧運限量版奧米加錶，售價三萬多，可惜我當年沒有錢！到西歐時，我終於可以到期望 20 年，心目中的天堂，只可惜，想他陪我去的人已經不在，心中有無名的空虛感！

另一方面，小強朋友介紹我以$2,800 租了屯門鍾屋村的大房大廳單位，終於有自己的安樂窩，感覺真好！

在建築公司裡，我是人事部經理，當然知道所有人的薪金，我當時不明白為何地盤工人的薪金比我高，於是找了安全經理問，了解之下，我覺得安全主任頗適合我，亦不用局限於寫字樓工作，那位安全經理也鼓勵我嘗試。

不久，到了 9 月，我在公司裡加班，突然收到堂家姐來電，說她媽媽(我伯娘)身患重病，快要離開，問我去不去醫院見她最後一面，我當然去，到醫院一見，她已瘦骨嶙峋，內臟衰竭，亦聽不到我們的說話，醫生說她已經支持不住了！到伯伯一家辦妥喪事後，堂家姐說想我陪她去旅行散心，於是我們去了華東團。出發時，我預知回來後，老闆會解僱我，我都依然去，爸爸女朋友話我太好人，錢不多亦經常去旅行！

小強離開後，我無心工作，又請了兩次大假去旅行，不久被解僱了。他的骨灰放於柴灣華人永遠墳場，於是我刻意去那裡做墳場工人，正面想法是默默地守護他，負面想法是想把自己活埋在墳場裡。當我問墳場管工是否請人時，他見我皮黃骨瘦，又是女性，心想我做不來，但我拿起工具，他做什麼，我也跟他做，於是他問老闆，老闆話$300 一天，問我做不做，我說做。當時，我不計較薪金，夠生活便可！後來，爸爸住的公屋搬遷，我知墳場老闆的工人技術好，價錢平，便借兩位師傅幫爸爸做裝修兩星期。後來墳場老闆想我做他妾侍被我拒絕了。

為了實現車主夢，我在網上找二手車資料，並找了貨車司機替我試車，最終在 2008 年 12 月 30 日買了一部萬事得 323 的棍波車$6,800，連同其他雜費，保險$3,000，路費$4,000，住在鄉村泊車費$500/月，油費，平均每月$2,000 以下，合乎預算。而買車後，我漸漸沒有做墳場工人了。但是我除了清明和重陽，每年也會去幾次拜山。

由於他的離開，令我感到兩個人在一起，先離開的人是幸福的，他父母在屯門藍地妙法寺以$50,000 替他買了一個牌位，那裡每天都有僧侶為亡者誦經念佛，我每次經過那裡都會裝香和祈求他父母平安，亦希望遇到他父母，知道他們安好。我當時已有為自己安排身後事的打算，數年後，我以$65,000 同樣在妙法寺替媽媽、我和妹妹買了一個牌位，方便我可以經常去裝香。同時，我想今生我們有緣無份，希望下世可以再遇！

另外，我本身是一個缺乏安全感的人，買車後，找車房全車驗一次；又在車頭車尾貼上 P 牌(新駕駛人士–當年還未有立法，我已先做了)以警告其他駕駛者；亦找了畢生和黃生這兩位熟悉駕駛人士幫我補鐘；再找妹妹做乘客。終於，很快地，我學懂了駕車。

2009 年是充實的一年，爸爸追我要農曆新年前新居入伙，只有兩星期，設計、裝修連買傢俬，十分緊迫！自己在不久後，亦找到 700 呎村屋搬屋，由於有兩間房，我可以分租房間以減輕經濟壓力。同時，由於要搬屋，認識了搬屋工人邱生，他提出找我合作，我替他找客人，他做搬運來做生意。由於我有車，可以送紙箱給客人，其後，由於他收了客人金錢而沒有分賬給我，合作便告吹了。而他申請了綜援，我們便沒有聯絡。

其後，我讀了安全督導員課程，找了一間中小型建築公司的安全管理工作。在學業上，我除了讀安全督導員課程，也有讀安全主任課程和急救員課程，同時，報讀了電單車和的士課程。另外，由於經濟理由，我每年換二手車，因我買超過十年的舊車，以一萬買回來，以一萬賣出去，可駕駛不同的車款。

2010 年，按照我原本的計劃，在拍拖 5 週年的日子結婚，但小強離開了，我打算在原本計劃結婚的當天做一些有紀念價值的事，就是去律師樓改名和換身份證。

同年某天，我放工準備駕車回家時，被一的士橫過撞破我的車，破壞不堪，不可維修。但警方告我不小心駕駛，我不服，經畢生介紹律師給我，半價$8,000 律師費，可惜，在地方法院敗了，判罰$3,800，留案底，上駕駛改進課程，對方亦在小額錢債審裁處追討我$11,000 維修費。我不服，向高等法院申請以自辯上訴，結果經四年的努力，用盡方法，在 2014 年上訴得直！可收回$3,800，亦可反過來追討對方賠償我車的價值及不用留案底！

另一方面，700 呎村屋的業主在合約到期前提早要求我搬遷，由於業主毀約，我找地產代理理論，但合約被收起了，於是我急忙找地方搬屋，車房老闆介紹了 David Law，他替我找到千呎倉庫(由豬場改建成，之前有人用作收養流浪貓，不適合人居住，沒有基本設備的)。

業主要求我做基本裝修，包括鋪地磚、裝大閘、門、假天花、油牆身、安裝熱水爐和冷氣機等。他答應免我一年的租金，由於我大部分都懂自己做，可節省人工，所以答應他。而且千呎大屋，我可以分成 4 房，分租房間以減經濟壓力。但是由於我要工作，沒有空，把大屋的裝修交給 David Law 幫忙，但他只在大廳鋪地磚，便不停問我拿錢，因此我報警，他大約騙了我兩萬元!

在工作上，建築公司的董事及總經理黃生，善於調動員工的工作崗位，使我三年做了 13 個地盤，作開荒牛，筋疲力盡，不過，我亦感謝他給我有這麼多經驗，他頒了兩個安全獎項給我和給予我讀環保主任課程，在 2011 年 11 月，我終於成功註冊為安全主任(RSO)了！

2012 年，我雖然有升職加薪，但公司沒有新地盤，不斷裁員，經過雙方協議，我自動離職，拿了雙糧後，我便離職。農曆新年時，我用這雙糧跟妹妹去台灣環島遊。另外，由於我比較繁忙，不能固定去母親的抉擇做義工，負責人拒絕我的服務，我便參加了聖約翰救傷隊做義工。台灣旅行回來後，開始另一建築公司工作，這公司是在中電發電廠做斜坡工程，但我工作數月後認為不宜久留便離職了。

之後，我在<<旅遊人生>>的網頁(現在已沒有了)找到了一個同樣喜歡旅遊的網友，協議去日本沖繩的一星期行程，預算一萬元，但去到日本後，發覺她很自私，回港後都各散東西。另外，由於我不確定可以找到新工，發現有遊學團減價便報名，於是 2012 年 9 月去了英國三星期的 EF 遊學團。

我的心路歷程－由抑鬱症到躁鬱症的自身經驗

2012年7月，在日本回港後，我很快便找到新工，就是醫院管理局的其中一個重建大樓工程。當我見工時，老闆要求我翌日上班，可見他很急切請人，之後我在同事口中聽到我的崗位經常換人。由於我有15個地盤經驗，第一天上班便掌握了工作需求，同事們都很滿意我的工作表現，我的上司是項目經理，十分欣賞我，經常都等我才和其他同事一起吃午飯。

我7月份才入職，但報了9月去英國的遊學團，難得公司同事欣賞我，但已付二萬多元，不想浪費金錢和機會，於是找之前相識的中介公司找人幫忙頂替三星期。我便順利到英國的曼徹斯特，去了寄宿家庭，認識了兩位英國朋友(62和25歲)和體驗當地文化，可惜我不習慣極度寒冷天氣，咳嗽得很利害，但當地很難找醫生，他們覺得傷風咳嗽是可以自己康復，因此不需要看醫生，不容易找到了醫生也不願開藥給我。由於我生病，出席率只有70%，不准我考畢業試。

我在臨別寄宿家庭前，煮了一餐中菜給兩位英國朋友吃，她們都稱讚我的廚藝。同時，我買了兩張超大的世界地圖，她們和我各一張。之後，我預留了三天去倫敦，除了白宮，各重要景點，我都一一去過。當我回港後不久，年輕的英國朋友說英國經濟不好，不易找工作，向我借錢，我分別借了兩次，各一千英鎊，合共二萬港元左右。

到了 2013 年某天，我收到親愛的妹妹來電，她說腎臟比正常人大 50%，但她去台灣不久，還未入籍，以外國人身份不能享有醫療福利，醫療費昂貴，所以要回港醫治。於是，我立即訂最快的機票，安排妹妹回港，到達後又立即送她去醫院，出院後，照顧她的膳食和生活需要。當她返台灣前，我安排她做了激光矯視手術。

妹妹返台灣後不久，我又再次搬屋，今次搬近田園，風景優美，其後我住了七年，不過入住了才知道有漏水問題，兩個雜物櫃、書櫃、床褥、梳化床和行李箱都發霉，牆身則掉灰。

同年，在工作上，因應醫管局的要求，老闆請了兩個助手給我，Andy 和 Steve，都是完全沒有安全管理經驗，如同白紙，我要花很多精神和時間去指導他們。

2014 年是我人生的另一個轉捩點，工作上，農曆新年後，上司便通知我，醫管局很快會有安全審核，意思是會有額外的審核員做巡查以確保地盤達到指定的安全水平。當那位審核員一踏進門口便跟我說：「真是辛苦妳！」他們在地盤影了很多不足之處的相，然後交給老闆，要求跟進，並要求老闆大量增加安全雜工，幸好，有位年輕的管工－雄仔可以幫忙，減輕一下我的工作。另外，之前提及，我在 2010 年的交通意外官司，經 4 年的努力，上訴得直！

在安全審核後，我的工作量大增，日間要照顧工人的安全，夜間躲在地盤辦公室做文件，通宵達旦，胃口都不好，那時感到自己精力旺盛，不用睡覺，在沙發上小休片刻又工作，差不多天亮就駕車回家洗澡和換衣服，再駕車上班！

我的心路歷程－由抑鬱症到躁鬱症的自身經驗

由於要教導新人又工作量大增，令我睡眠和休息時間減少，以瘋狂消費來減輕壓力，不但以月供形式用 18 萬買了一部 Benz B180 私家車，更曾經在星期日跟黃生飲茶時，在旁邊的商店一次過買了 7 對波鞋！

由於經常通宵達旦工作，2014 年 4 月 30 日開始，我發高燒達 40 度，自覺身體不適，打開家門便腳軟，滿腦都是工作的畫面，出門都有困難，於是致電上司辭職，並請朋友幫忙，帶我看醫生，看了西醫和中醫都沒有用，去了法國醫院打針才退燒。回家後，睡不了，由於我怕燒壞腦，於是找黃生求救，他建議我到瑪麗醫院求醫，我便乘坐的士去了。

在瑪麗醫院時，醫生替我做了全身檢查，又找了臨床心理學家給我，但也不能解決我的問題，我在醫院做出怪行為和傻笑，於是醫生把我送入精神科。我記得當時我的精神狀況很差，要職員餵食。瑪麗醫院精神科有圖書閣和大電視，可以自己打電話。我在圖書閣畫畫和在雜誌上寫電話號碼。晚上有探訪時間，爸爸、Andy 和 Steve 都曾經來探我。經黃生與醫生交談後，醫生判斷我有躁鬱症，並開了藥給我，但使我坐立不安，然後一個月可以出院。

在瑪麗醫院精神科時，我認識了一位院友陳小姐，她自稱想自殺並且沒有親朋戚友，又欠債數萬和無家可歸。當時，我認為數萬元失去一條生命很可惜，出於好心幫助她，包括借錢和把我家的一間房租給她，之後等她找到工作再還給我，但是好人難做，她以不同藉口不還錢。最後，我找人把她趕走，並在小額錢債審裁處追討，最終她欠我三萬多沒有還。

另外，瑪麗醫院精神科醫生開了癲癇症的藥給我，令我坐立不安，當我辭職後，突然感到好輕鬆，於是約朋友飲茶。當我約黃生和之前的租客朋友鍾小姐飲茶時，忍不住在商場大笑，黃生和鍾小姐便送我回瑪麗醫院。到達醫院時，由於他們認為我情緒失控，捆起我，關我在有保安員看守的房間，醫生告訴我瑪麗醫院不是專科醫精神病，知道我住元朗，問我轉青山醫院好不好，我便轉入青山醫院。

我最初接觸躁鬱症，並不認識這個症是什麼?不明白醫生為何判斷我有這個症，直到我在青山醫院留院及多年的接觸，才慢慢對這個症加深認識。

我的心路歷程 － 由入青山到出青山的經歷

其實，我與青山醫院有情意結，早前提及男友是註冊護士，青山早前聘請精神科註冊護士，他有考慮過。我在青山留院時，亦有想過，如果在他有自殺念頭時，送他入青山，結果是否會改變？我想親身了解青山醫院。當我到青山醫院後，醫生話瑪麗醫院的藥不適合我，要重新再調藥。住了一個月左右便出院了。

2014 年 7 月，在青山出院後不久，表姐介紹了撒瑪利亞防止自殺會社工林生給我，與見臨床心理學家一樣，他們會尊重私隱，除非有傷害自己或傷害別人的舉動，否則見面內容是保密的，而且費用全免。我大概每兩個月一次與林生傾談，他會關心我的近況，接受了兩年多的服務，自己心情平復一點，想讓這個機會給其他有需要的人，便跟林生說終止服務了。

在我們傾談其間，林生介紹了機構舉辦的「活出彩虹」小組給我認識，我在 2015 年 7 月開始參加，這小組的組員都是自殺者的家屬，稱為「同路人」，小組有很多活動，例如行山、一天遊、組聚、生日會、農曆新年寫揮春、端午節包粽和中秋節做月餅等，大家會互相扶持。

其實，我是一個樂於與人溝通的人，不介意跟人說自己患有躁鬱症，但有很多人聽到「躁」字就聯想到暴躁，他們都很疑惑，指我看起來不像是暴躁的人。他們都不明白躁鬱症，甚至是情緒病是什麼?留院期間，我知道一般情緒病是遺傳和環境因素而造成的較多。

我媽媽因抑鬱症跳樓自殺，而爸爸對我和妹妹都不好，所以我說自己有先天和後天的抑鬱症，而男友離開後，我再一次受到重大打擊，令我更沒有安全感，加上工作量加劇，休息太少，感覺自己有很多能量，但沒有宣洩渠道，瘋狂消費，借貸渡日，最終有躁鬱症和需要入院治療。

其後，我花了個多月時間才找到新工，公司是興建地基的。我做了一年多，但因藥物影響，我在日間工作時，經常疲倦，很多時，公司在上午開會，我都張不開眼睛，午睡片刻後，下午才清醒一點，因此，完成了一個地盤後，公司便解僱我，本來我可以申請安全審核員，公司都不肯承認我，甚至離職信都不願意給我！

藥物對我最大的影響是疲倦和體重增加，我要一年多的時間才慢慢適應這些副作用。我問過很多人，精神科藥物就是要病人疲倦，多點睡眠，不會「胡思亂想」，因此會影響工作能力，政府亦有給予殘疾人士津貼。

2016 年，所謂馬死落地行，沒有地盤工作，我找了保安工作，做晚間大廈保安，兩星期後，便找到新工，都是地盤安全主任。在上班前，我在網上看見平價機票去澳洲，這是我渴望 10 年想去的地方，於是我冒着被解僱的風險去安排，為了儲蓄我的旅行基金，我夜間兼職做停車場保安，一星期三天。

我的心路歷程 － 由入青山到出青山的經歷

我做的地盤有一位監工，對安全主任有很多要求，之前換了很多人，同事說我已是第七位了。做了兩個月，我便請假去澳洲，當時，上司很不滿意我未滿試用期便請長假去旅行。

自從我買了澳洲機票，就開始訂行程，機票是特價，食物在五十元以下一餐，住宿為一百多元一晚，盡量少買手信，全程租車，去了悉尼、墨爾本、黃金海岸和凱恩斯，海陸空遊戲都一一去玩，十分開心！原來澳洲的大部份消費都可以用信用卡，真是一卡在手，世界通行！但是回香港後，我收到了十張超速駕駛告票，大約四萬元，原來澳洲的執法很嚴，我嘗試用信用卡過數繳付罰款都不成功！

正如我所說，澳洲回來後不久，我被上司解僱。之後，我閉門在家看電視和寫作，但未成功就被表姐送入青山，今次入院兩個月，出院一星期覆診，醫生覺得我未穩定，便要求我再入院，前後共半年，跟之前時間長很多！之前，買澳洲機票時，找到了平價東歐行程，便跟表姐一家報名，2017 年初去，經多次催促，加上我情況穩定，醫生終於放我出院。

由於我不想入院時間太長，曾嘗試不同方法出院，包括入院時簽了精神病條例，寫信給院長，解釋我的精神狀況正常，可以申請出院。但是結果是由主診歐陽醫生和顧問黃醫生接見，並對我說，這信由她們負責，她們不會那麼快放我出院，並勸我接受治療，在這情況下，我已騎虎難下！

我住的是收症病房 E201，當有人入院，會優先入這個病房。因此，每星期都有人入院，亦有人出院或轉到不同的病房。順便一提，這病房有幾位護士都幾靚女！在留院的半年裡，我認識的院友，並交換了電話的，大約有十位(至今還有聯絡的有兩位)。其實，院方不鼓勵院友交換電話，當時我不明白，後來就明白了！

E201 病房可容納三十多名院友，其中一位是長期病友－珍珍，她堅持自盡，但她有很多家人、朋友、教友，差不多天天都有人探望她。而我都有很多親戚朋友來探我，感謝他們。當中，如主診醫生簽「行街紙」給病人的家人和親戚，可以到地下及餐廳吃東西及散散步。當爸爸來探我時，我可以用電話，多數我會打給妹妹聊天。

珍珍是我的好友，我們在單人床上一起聊天，說說她的過去和我的過去，為了保祐她可以康復出院，我和另一院友摺了一千隻紙鶴給她，摺到我手痛！

那些交換電話的院友裡，其中有位是一起跟我摺紙鶴給珍珍的，她是女同性戀者，她喜歡珍珍，但珍珍不喜歡她。她出院後，曾兩次致電我，主要是交代她要回大陸居住，暫不回港。還有，三位是我偷偷給她們食物或幫她們按摩，她們說出院後會請我吃飯的，但是都不了了之。

另外，有位比較年青的院友琳琳，她因與家人關係差，想以自殺引起媽媽的關心，結果媽媽不理會，珍珍對她很同情。

還有另一年青的院友吳小姐，亦與琳琳友好，出院後，經常探望琳琳。

後來，珍珍在藥物和心理治療效用都不大的情況下，醫生安排了珍珍在護士站對面的房間隔離，24 小時專人看管，希望隔離期間，珍珍可以反思自己的人生和將來！不過，新收的個案都會安排到這隔離房間數天。

當珍珍住了這房間約一星期，有位袁小姐入院，她口才了得，當她入院時，就找目標（我回想起時覺得）。她離開隔離病房後，每晚都找我聊天，說自己有很多朋友，人面廣，有很多能力，亦有很多錢，又說她會很快出院，出院後會星期一至五都來探我，叫我天天打電話給她，她說為了見我時間長一點才多留院數天（後來我才知道袁小姐恐嚇醫生，動不動便說請律師來釘醫生執照，叫醫生放她出院）。

我的心路歷程 – 由入青山到出青山的經歷

袁小姐出院前，與幾位較年輕的院友交換了電話，有些院友很快就出院，袁小姐協助她們找工，例如收銀員，但都只做了很短時間。當我還在醫院時，袁小姐竟然問我借錢，於是，我問了好友黃小姐借錢，再轉借給她。

其實，我很羨慕袁小姐，她大我一歲，有樓有車有錢，有高薪厚職的丈夫，我想親近她，了解她有什麼特點是我能做到的，但其實，我有很多東西都做不到。她又表現到熱心幫助其他院友，令我覺得她樂於助人。

不久，我出院，原來醫院有渡假制度，先試一下出院，一星期後回來覆診，如果期間有異樣或問家人是否有怪異行為，便要求再入院治療。由於之前提及爸爸對我的負面影響很深，於是我暫時到表姐家渡宿。但一星期後回醫院覆診時，表姐對醫生說我買了 6 包裝菊花茶，一次過喝了 5 包菊花茶，不喝水，行為不正常，於是又要我入院，我不服，於是提出見法官，結果仍然是法官判我入院 7 天以上。

然後，到了琳琳出院，袁小姐表面上對琳琳很好，收留她，把衣帽間給她住，把琳琳媽媽話掉出街的東西都搬去自己屋，又說當琳琳是妹妹，打算帶她去加拿大，經常都是袁小姐，吳小姐和琳琳，三人一起吃飯和出街。後來，我才知袁小姐騙琳琳說幫她找舖位賣東西，前舖後居，即舖位後面可以住宿，騙了琳琳用信用卡透支十萬元。

不久，因我半年前付了東歐旅行的旅費，跟表姐一家去，不想浪費金錢，而醫生認為我康復得差不多，所以可以出院。在東歐旅行其間，袁小姐不斷打電話給我，令我電話費高達三千元。

其實，袁小姐本身是一個濫藥者，每天吃過百粒藥，但她不肯承認自己是濫藥者，她經常問我借錢。我給她一次又一次，另一位院友都曾勸我不要做她跑腿（幫袁小姐買藥）。直至有一次，我在她家時，她裝作跟我發脾氣，在陽台攀高，像是想自殺，於是我報警。最後，她用口才反指我有問題，趕走了警察。從此，我知道自己是學不到她，做不到她那麼絕，亦明白濫藥者是很徹底的不顧一切要她想要的東西！

之後，我知道不能追回對袁小姐付出的四萬元，但也硬着頭皮見她一面，不知為何，在她家暈倒了，爸爸把我送入院，電話都掉了。她知道我沒有利用價值，便跟我說：「我們是兩個世界的人，妳不要再找我了！」但不久後，她突然致電我，說要搬屋，問我會不會搬走琳琳的東西，因琳琳無家可歸，還在留院中，但我知道琳琳有很多東西，怕我家未必有足夠的地方，又不知道有沒有人可以幫忙，於是拒絕了。其後，琳琳出院後多次追問我有沒有幫她拿東西。

在 E201 病房中，還有一位馨姨，她有一個兒子，跟我同年。馨姨幾十歲人，自稱只有我一個朋友，我心想怎麼可能？她很關心我，經常問候我，但她為人固執，不肯聽人意見，包括堅持使用舊式電話，又經常不開機，只有她打來找我，很難打給她，她又不肯用智能手機，即使我說送給她都不要！

而我的好友珍珍在出院後不久，她的家人幫她換了手機號碼，希望她不接觸其他人，幸好，我在青山明心樓覆診時遇見她，知道她平安，我很開心！

其實，我在2017年出院後，由於半年沒有工作，之前又瘋狂消費、借貸渡日、資不抵債、失業半年，經家人建議，申請破產、綜援及公屋，後兩者都有資產及入息限制，但我最初認為自己有謀生能力，不想依賴政府，嘗試找工作。

最初是一份控制室24小時保安工作，但覺得不適合，不足一個月便沒有做了；之後找了一份輕型貨車司機工作，但工業區很難泊位，自覺不能勝位，加上工時長，兩個月左右便辭職了。於是，我知道自己暫不適合工作便進修，包括讀了保健員課程(HW)及殘疾人士保健員課程，當中包括急救員課程。

還有，讀成人英語及專業的士課程。由於我是精神病患者，怕我們對其他道路使用者造成危險，需要額外向醫生申請，轉介去職業治療師做模擬駕駛考試才可以在路面駕駛。除了的士考試外，我亦有練習電單車，可惜一直都不能掌握到技巧！

做義工方面，主要做聖約翰救傷隊的牙科服務，替弱勢人士做洗牙、補牙和脫牙。另外，有幫助綜援家庭小朋友補習。間中，也有抽時間做運動。到了2019年，我考了十年的的士考試終於合格了！但同時，經十年努力都考不到電單車，我放棄了！

2020年，租住了七年的屋換了三手業主，最後的業主兩年加三次租，加上漏水問題嚴重，經多次修補亦沒有用，我決定搬屋，經幾番轉折，終於找到地方搬屋。

另外，由於自2014年開始被診斷患有躁鬱症開始，我已服藥數年，以為身體已適應了藥物，自行停藥，令我的病情惡化和身體轉差都不知道。2020年9月，爸爸送我入院。

我的心路歷程 － 由入青山到出青山的經歷

由於2019年開始是新冠肺炎疫情，當我入院，便入了隔離病房(E301)14天，再入之前的收症病房E201，但是前車可鑑，有被騙的經驗，今次不敢輕易收留人或借錢給人。

今次入院，相隔4年，在E201裡，有熟悉的職員，但院友面目全非。因為我有的士牌，又曾經有多種工作和進修經驗，同時，我亦算是一個樂於與人交談的人，有很多院友都主動和我聊天，因此我不覺寂寞。但是，我有點不習慣，就是4年後的E201，沒有掛鐘、筷子和筆。

到了11月尾，病房助理(姐姐)突然跟我說可以出院，匆忙替我收拾東西，我還對她說沒有心理準備，當時我感到很奇怪，為何不是醫生或護士通知，而且收拾得這麼趕，原來是轉去康服病房D302，那裡可以借筆，又有康樂活動，例如:畫畫、填顏色、迷你麻雀、摩力橋、啤牌、UNO和象棋等，每日中午可看報紙，指定時間可借書，晚上可以去電視室看電視，還有掛鐘和筷子，跟E201很不同，令我很感動！

我的心路歷程 － 由入青山到出青山的經歷

由於可以借筆，令我可以完成創作夢，本書就是在這時完成初稿的。但是寫作並非一帆風順，單是改書名，已想了很久，才想出<<走出青山>>，像嬰兒出生一樣！

來到了D302才知道有些院友不是出院了，而是轉了病房，在這裡，有很多不同的院友，有不同的病徵和行為，其中有些比較印象深刻的，例如年輕想自殺的、到處找人打發時間的、經常想睡的睡公主、自稱有自閉症而不善溝通的、懂唱很多歌的流動播音機、為失戀而天天在哭的、天天唱詩歌的虔誠基督徒、有強迫症而經常洗手的和吃很多東西都不覺飽的等。

另外，有很多院友是思覺失調，特徵是流口水，醫治的藥物是「可治律」，而因為病或藥物，很多院友都口齒不清。D302是康復病房，很多院友住一、兩個月便出院，大多數是回家或去宿舍，除了院霸（長期留院，不願出院的病人）。

我的心路歷程 – 由入青山到出青山的經歷

承上所言，D302 原本可以有電視室開放，晚上可以看電視，但因 3 樓要裝修，12 月初搬去臨時病房 D102，此病房之前是弱智男房，他們在病房內隨處小便，令病房有很大的尿味，我感到難以入睡，當然，晚上沒有電視開放。

過了一、兩個月，以上所說的院友，一半以上都陸續出院，來了新面孔，但我仍未出院，本來預計可以 2021 年農曆新年前出院。主診馮醫生突然通知我，替我安排腦電盪治療(ECT)，但因新冠肺炎疫情，暫停手術不開，使我延遲了治療。

主診馮醫生曾建議我做「可治律」治療，但我知道要多留院四個月，不想夜長夢多，拒絕了醫生的建議，等了一個多月才開始腦電盪療法(ECT)，經過兩個月，醫生再觀察三星期，終於 2021 年 4 月 21 日，在我生日前正式出院。

由於摯親摯愛都在四月離世，而我又在四月出生，自 2008 年，我相隔 13 年，都沒有慶祝生日，有很多朋友都不知道我何時生日，亦曾經怕向人提及生日。但是，在多次留院的經驗，令我反思了很多，豐富了我的人生，過去的不可挽回，讓身邊人幫助，正如一位長輩說，學習感恩、包容和放下，我終於在 2021 年出院後正式慶祝生日！各親友知道我出院，一個接一個請我吃飯，令我一星期增加了 2KG 體重！

在我出院前，醫生提出了三個條件及安排個案經理跟進:1.出院後半年要跟爸爸同住，由他監督我每天吃藥;2.半年內每次覆診都要爸爸陪同;3.每次覆診都要抽血檢驗。第 2,3 項都唔難，但第 1 項要慢慢適應，自小強離開及辦理後事之後，即 2008 年中，13 年已沒有跟爸爸同住，幸好我多次入院及爸爸退休，令他有所改變，沒有中年時那麼難相處。

2021 年 4 月出院後，我積極安排重過新生，包括休息一個月和暫停義工服務三個月，申請解除破產令(我在 2017 年初破產)，安排夜校進修，但因剛接受腦電盪療法(ECT)，記憶力和集中力都很弱，醫生說一般要三個月至半年才可改善，多閱讀對我有幫助。6 月開始做兼職照顧員和臨時演員，7 月通知社會福利署取消領取綜援(綜合社會保障援助計劃)，自力更生，同時積極寫作和儲蓄，間中與朋友聚會和交談。

精神病跟普通的頭痛或傷風感冒不一樣，醫生不是給你即時的藥物，令你減輕病徵便可！青山醫院是一個對病人全方面照顧的地方，醫生會關心你身心的健康，了解你的背景，有需要時，安排臨床心理學家輔導你、物理治療師做物理治療活動、職業治療師介紹工作、社工安排宿舍和聆聽你的需要，定期覆診和跟各專業人士溝通，關心病人的身心發展。

因此，青山並不是想像中可怕和嚴重精神病患者才入院，病向淺中醫，精神病不是絕症，在香港很普遍，發覺自己有異樣時，可先尋求家庭醫生或找社工，有需要時，他們會轉介你去其他專業團隊，你要接受自己有病，面對它，才可真正走出困境，重過新生，希望我的經歷幫到大家，互勵互勉！

堂姐突然離開

之前提及，爸爸曾安排我和妹妹在同區住的伯父家晚飯，伯父有一子兩女，而且大家是同區居住，因此我們是青梅竹馬長大的。當中，比我大一年的堂姐跟我關係較好，但是堂姐因年青時誤交損友，服食了一點毒品，有幻覺，患有思覺失調十多年，經常出入葵涌醫院精神科，但伯父一家一直低調處理，沒有告訴親友，他們認為家醜不出外傳，上一輩的思想把精神病當作「撞邪」。

直到我患有躁鬱症及入住青山醫院後，國內的姑媽才告訴爸爸，伯娘(堂姐的媽媽)在堂姐患病初期，多次帶她去國內「驅邪」。當然，結果是無效！上一輩的思想較封建，不接受和不認識精神病，同時亦害怕它。因此，很多時會延遲了醫治的時間和機會。

2016 年下半年，我大部份時間都在醫院裡渡過，堂姐來探我三次，2017 年 1 月出院後，我們都有吃飯、打羽毛球和互相慰問。之後，堂姐有兩次短暫在葵涌醫院留院，我買了大量零食探望她。2019 年，我的的士筆試合格後，可以駕駛的士，我亦有租的士帶堂姐到處去觀光。

另外，2020 年中，因我自以為 2014 年被診斷患有躁鬱症開始服藥後，經過數年，已經適應了藥物，自行停藥，令我的病情惡化和身體轉差都不知道，9 月，爸爸送我入院。是次入院因新冠肺炎疫情，暫停探病，只有打電話，而家人或朋友可帶日用品交給保安轉交病房。

這次入院，因主診馮醫生指我的身體不好又自行停藥，單靠藥物治療效果不大，勸喻我接受腦電盪療法(ECT)，排期連兩個月治療期和手術後觀察，入院 7 個月後才在 2021 年 4 月 21 日出院。在留院期間，我曾致電堂姐閒話家常，但之後她沒有接聽電話，到我出院後，曾發訊息給她，但是都沒有回覆！偶然，我亦有致電給她，但是亦沒有找到她！

堂姐突然離開

經過數月後，2021 年 11 月 10 日，堂哥(堂姐的哥哥)突然發訊息給我，說想跟我聊天。堂哥自小都沉默寡言，今次竟然主動說想跟我聊天，我都有點愕然。他說堂姐原來在 2021 年 4 月 28 日早上六時多，同樣是跳樓自殺離開了！

我當然追問堂哥發生什麼事，我在入院前跟堂姐吃飯亦沒有特別，堂姐說自己有依時覆診、打針和吃藥，有一份穩定的文職工作。堂哥說堂姐在二月份，突然指工作不愉快而辭職，之後情緒起伏很快，拒絕覆診、打針和吃藥，經常失眠。堂哥曾經想帶她看醫生，但怕刺激她而沒有送她入院。她病情突然起伏不定到離開，過程很快，家人都措手不及！

很遺憾，我身邊又有一位親人因精神病而跳樓自殺離開了！而堂哥因妹妹的離開大受打擊，尤其是清理遺物時，都很傷心，需要接受精神治療，見社工等。經過半年的治療，才把堂姐離開的事告訴我，而伯父一家亦沒有為她辦理喪事，只是簡單火化，亦沒有通知親友，我亦沒有見她最後一面！

堂姐突然離開

同樣感到遺憾的事，就是堂姐病發及情緒波動時，我還在青山醫院留醫，不能作出幫忙，而我出院時，堂哥亦不知道，他們沒有找我幫忙或商量，低估了精神病對病人的傷害！其實，接受治療、接受觀察、定期覆診和吃藥(或打針)是最基本的。我們(精神病者及其親友)很多時會忽略病人的需要，應該尋求專業醫護人士的幫助，如果有需要，醫生會安排病人入院接受全面的照顧和觀察。

跟我的摯親摯愛離開相比，堂姐跟我相處的年期最長，她亦對我很好，她的離開，使我想起了很多跟她相處的點點滴滴，包括兩次跟她旅行，我們一起遊樂和吃飯，但是這些已成過去，但願她在天父爸爸及天國裡得到安息和喜樂！同時，我亦把此書獻給天上的她！

院友李小姐的親身經歷

在青山醫院住院期間，認識了李小姐，她很好，與我不謀而合，希望以自身的經歷來引起社會大眾對情緒病有樂觀面對的想法，並希望更多人關心精神病康復者，不要歧視和標籤這弱小的社群，所以我在本書裡加插她的故事，感謝她經濟上支持我出書!

她生於1980年，有一個哥哥和一個姐姐，在家中排行最小，自小受父母寵愛。2000年，她因學業差而自暴自棄，內心像被刀割一樣，好痛，好難受，害怕黑夜的來臨和失眠。因失眠帶來痛苦、頭痛、疲累、頭腦一片空白、做事不能專心、影響交際，甚至工作。那時，她不知道怎樣處理情緒，以為看西醫，吃點安眠藥便沒事了。西醫寫了轉介信到青山醫院明心樓，她便由那時開始到青山求醫。從前，精神病被誤解為「無得醫」，生人勿近，但其實不是這樣！

她那時20歲，不太認識精神病，感到很無助，當時由父母帶去明心樓覆診見醫生。那時，張醫生診斷她是抑鬱症，特徵是常常憂慮、心情低落、經常哭、任何事都提不起興趣、害怕接觸人、自我封閉、不會找人傾訴和失眠等......最初，她有依時吃藥和覆診。後來，她投身社會後，發生種種事，令她的病情起了變化......

她曾數次入院接受治療，2001年入院兩個月，經陳醫生轉介職業治療師盧姑娘，參加輔助就業計劃和破冰計劃，教授面試技巧、工作技巧和以打字遊戲做打字測試，並在青山內之餐廳—相聚一刻做了一年收銀員。

2002年，她誤交損友，認識大陸男朋友，曾經墮胎。2003年，有爆竊案底，初犯認罪而坐牢一年，2004年出獄。2005年因多次被人非禮，報警無效，精神受到很大打擊，飲酒，胡亂結交異性和買東西，感覺自己很叻，有很多能量，很多主意，使情緒病發作，被診斷為躁鬱症和送入青山留院治療。

28 歲開始穩定，做文職，轉店務員，收銀員，因想知道自己能力，同時做三份工作，令自己身心疲累。2005 年至 2014 年，十年間，轉工，失業，再轉行，記性差，社交關係差，不懂與人溝通，但不想放棄自己。

33 歲時，認識了前夫，當時她在超市做收銀員，而前夫是客人的朋友。當年，她媽媽患病，臨終前希望她有人可以付託終身和為媽媽「沖喜」，他們拍拖一年多便結婚，結婚後，家住屯門。

她一心想自己與老公互相照顧，一起奮鬥，但自己哥哥和姐姐卻無法明白。另一方面，因自己是精神病康復者，她與老公商量後，不想懷孕，但不被奶奶接納。她有躁鬱症，老公有焦慮症及抑鬱症，其實情緒病在香港很普遍。

2013-2014 年，她做圖書館外判工。她結婚時，公司結業，2015 年便轉行做政府外判清潔工，2020 年中直接受聘於政府，工作和收入較為穩定。

她老公學歷不高，只讀到初中，曾經是自僱貨車司機，但有精神病後，他感到焦慮，自覺不能工作，駕車有危險，有恐懼感，不能出街，亦不可接觸陌生人，於2017年賣車，失業至今。他曾為失業自殺，覺得身為男人，不能工作，很無奈和無助，亦不能照顧太太，但李小姐不放棄他。而李小姐本身都有情緒病，都需要身邊人照顧，她既要工作，又要照顧自己和老公，在多重壓力下，感到很辛苦。可惜，老公不願面對自己和接受治療，李小姐多年勸喻亦無效。於是2021年，她主動提出離婚。

李小姐和我都相信，只要願意接受治療，接受幫助，大家都可以重過新生。我們相信，精神病不是絕症，而青山醫院有各專業人員，他們可以幫助我們走出困境，希望我們樂觀面對，亦希望社會大眾不會歧視精神病康復者！如讀者想與李小姐溝通，歡迎電郵:lilokyi1117@gmail.com

給害怕接受治療者的話

我本人的經歷，十分痛苦，25歲前，失去摯親摯愛，媽媽在三十多年前跳樓自殺，而未婚夫在十多年前又跳樓自殺，他們都以為自殺是一種解脫，祈望家人的原諒，以為另一半(我爸爸和我)還年輕，可以找另一個女朋友或男朋友便可另過新生，他們漠視了精神病除了為其本身，亦為身邊人帶來的痛苦和傷害，使爸爸變得暴躁，我和妹妹亦沒有安全感！婆婆在我長大後跟我說，在我和妹妹兒時很害怕看到我們，每次都忍不住淚水。

的確，三十多年前，大家對精神病不熟識，媽媽有產後抑鬱症的時候，爸爸從事飲食業，工時長，而我只有四歲，不可以力挽狂瀾！無奈，未婚夫的離開，即使我多番努力，亦改變不了結果！他的離開，很大的因素是他的家人與我缺乏溝通，他以長子的身份負責家庭的經濟開支，他媽媽又不喜歡我，大家都輕視了他承受的壓力。

給害怕接受治療者的話

在我準備出本書時，突然收到另一噩耗，就是比我大一年，跟我一起長大的堂姐(伯父的二女)，同樣是跳樓自殺離開了！她的哥哥(我堂哥)受了很大打擊，要接受精神輔導，她離開半年後才告訴我堂姐半年前已離開了的消息！堂哥當時未能接受現實，同時又不知道我剛出院的精神狀態如何，怕影響我的心情，於是等待安撫後才告訴我。堂姐本身也是精神病患者，患有思覺失調已有 20 年。在我入院前見她亦生活安穩，定期覆診，但她離開前病情突然轉差，經常失眠。

我很遺憾，不能在她離開前作出幫忙，亦沒有見她最後一面，雖然她的離開跟失去摯親摯愛相比，傷害程度較淺，但我想到過往跟她相處的點點滴滴和不能再見她的時候，都有點傷感，她這麼年輕就失去生命亦很可惜！當發覺有情緒問題便要找專業人士，一旦有變化就很容易急轉直下，一星期或一瞬間可以變化很大，亦不可看輕因失眠帶來的痛苦，可以有頭痛、疲累、頭腦一片空白、做事不能專心、影響交際，甚至工作和學業等。

給害怕接受治療者的話

我以過來人的身份告訴大家，精神病的折磨是相當可怕的，別輕視它，當有不愉快的事便要告訴身邊人及朋友，如他們都不能幫助你的時候，就要尋找家庭醫生或政府(例如社會福利署，熱線:2343 2255)和直接尋求專業團體支援。普通西醫的止痛藥或安眠藥，並不能醫治精神病，家庭醫生會聆聽你的需要和有需要時轉介你去專業的醫療團隊。同時，社會上亦有很多志願團體，例如撒瑪利亞防止自殺會，熱線:2389 2222 (24 小時)或生命熱線，熱線:2382 0000 (24 小時)，他們有社工或資深義工可以給予意見和幫忙！

精神病在本港十分普遍，不要害怕治療，我在青山接受治療數年，遇到多位好醫生和醫護人員，相信他們同樣可以幫助你，不要釀成悲劇才後悔，生命是不可以重頭再來！重點是精神病不是絕症，它是可以治療的！

我有一些當警察的朋友，他們遇到一些求死的人都是一時衝動。當獲救後，都後悔自己所做的事，自殺不單是傷害自己，更是傷害愛你的人！當失去你，很多人會有很多疑問和「如果」，如果做什麼或不做什麼，會不會改變現狀?

或許，生命中，不如意事十常八九，過去或將來的事，你不可以改變或控制，但接受治療必定勝於放棄。對身邊人來說，不論經過多少年，失去你是相當痛苦的事。自殺並不是唯一的「出路」！不要害怕。方法總比困難多！

留院治療只是讓醫療團隊去觀察和照顧病人，沒有想像中那麼可怕和嚴重的，不要以為病情十分嚴重才需要入院，醫生安排病人入院是希望病人得到全方位的照顧和觀察！有時是病人需要冷靜、有的是等待治療、有的是沒有居所需要暫時留院等。

還有是家人和朋友的體諒和支持是相當重要的，必須要多溝通，我多次入院，體會到爸爸、親人和朋友的支持，學習感恩、包容和放下，讓別人幫助你，才會找到正確的出路！

給精神病康復者的話

各精神病康復者，我以你們為傲，你們有勇氣和承擔來接受治療，這的確是不容易踏出的一步！尤其是繼續學業或工作的一群，我知你們所面對的困難會比較多。

雖然精神病不是絕症，但它會使你身體和心靈受到折磨，消除你的意志，常見有胃口欠佳和失眠。雖然精神科藥物可減輕精神病的徵狀，但它也有副作用，例如使人困倦、記憶力減弱和偏肥等。我最初接受治療時，也用了一年多的時間來適應藥物的副作用。因此，我明白大家要用額外的精神來處理情緒，克服過去的陰霾，比別人付出更多，你要欣賞自己的努力。同時，我的經歷告訴大家休息是十分重要，不休息地工作是會消耗你的精神和意志，後果很嚴重的！

同時，千萬不要跟別人比較，亦不要對自己要求過高，努力堅持，不要放棄，精神病藥物不是止痛藥，不是立即見效，要持續食一段時間才有所改善，不要私自停藥，要跟醫生指示，我曾經私自停藥，以為事隔數年已有改善，但弄巧反拙，引致病情更加嚴重！

大家好不容易才走到這步，別讓自己再次跌入萬丈深淵，好好愛惜身體和心靈，不要重蹈覆轍或傷害自己，繼續勇敢面對，當你患病其間，應該會體會到親友們對你的愛護和支持，醫護人員對你的付出和努力，讓他們幫助和愛護你，讓你重過精彩的人生。希望我的經歷能帶給你一點啟發和共鳴，亦希望社會大眾不再歧視精神病及精神病康復者，多謝大家！

2000-2022 年的工作經驗

KFC 收銀員

會計文員

電話推廣員

電話銷售員

硬照模特兒

補習社導師和私人補習老師

7-11 店務員

金融經紀

補習社僱主

老人院護理員(PCW)

行政助理

人事部助理升人事部經理(HRM)

墳場工人

搬運公司和裝修公司東主

安全督導員升註冊安全主任(RSO)(做了 18 個地盤)

義務工作:母親的抉擇、牙醫助護、補習老師

停車場保安員

控制室保安員

清潔員

洗碗員

輕型貨車司機

上門私家看護(HCW)

的士司機

臨時演員

躁狂抑鬱症是什麼（節錄自<<愛中重生>>趙少寧醫生）

躁狂抑鬱症是雙向的情緒病。抑鬱症是單向的，每次病發情緒便會低落，這就是抑鬱的狀態；雙向則是病發時情緒不只會低落，有時還會高漲。躁狂抑鬱症是有兩個類型的，分別是一型和二型。

第一型是較為嚴重的躁狂抑鬱症，當他情緒上漲時，便會極度興奮，他可能會想像自己很棒，很有錢，例如有病者去買奢侈品，例如汽車和土地，但可能實際上他是領取綜合社會保障援助的。在他們的意念裏面，他們真的確信自己有許多財富可以購買。他們會做一些失控的行為，許多時候事後會後悔。到他們跌進抑鬱期時，情緒低落、對許多事情沒興趣、失眠、嚴重的會有自殺意念。

躁狂抑鬱二型是較為輕微的，但也最容易被忽略。為什麼呢?因為第二型的躁狂我們稱為「次躁狂」或「副躁狂」，也就是說這躁狂上升的形式輕微得多，通常不是興奮的，此病的中文名稱譯得好，躁狂的「躁」字，表示那人不耐煩。衝動的時候會失去控制，可能會出口傷人。有位保險經紀患了次躁狂抑鬱但自己不知道，他向人推銷保險，別人不買時他會罵人。你有沒有遇過這類保險經紀?

他這樣下去是不能長久從事保險業的。家人發現有問題，陪他來看病，我診斷後發現他患了第二型的躁狂抑鬱症，要給他藥物控制病情。所以大家記住，第一型較嚴重的躁狂抑鬱症是有妄想、幻覺，情緒會大起大落；第二型的上下幅度會較窄小，而且在次躁狂時以躁為主，有時是很容易被忽略的。

狂躁抑鬱症(遺傳與環境因素互相影響)

本人由 2014 年得病至今的理解，這個病有以下簡介:

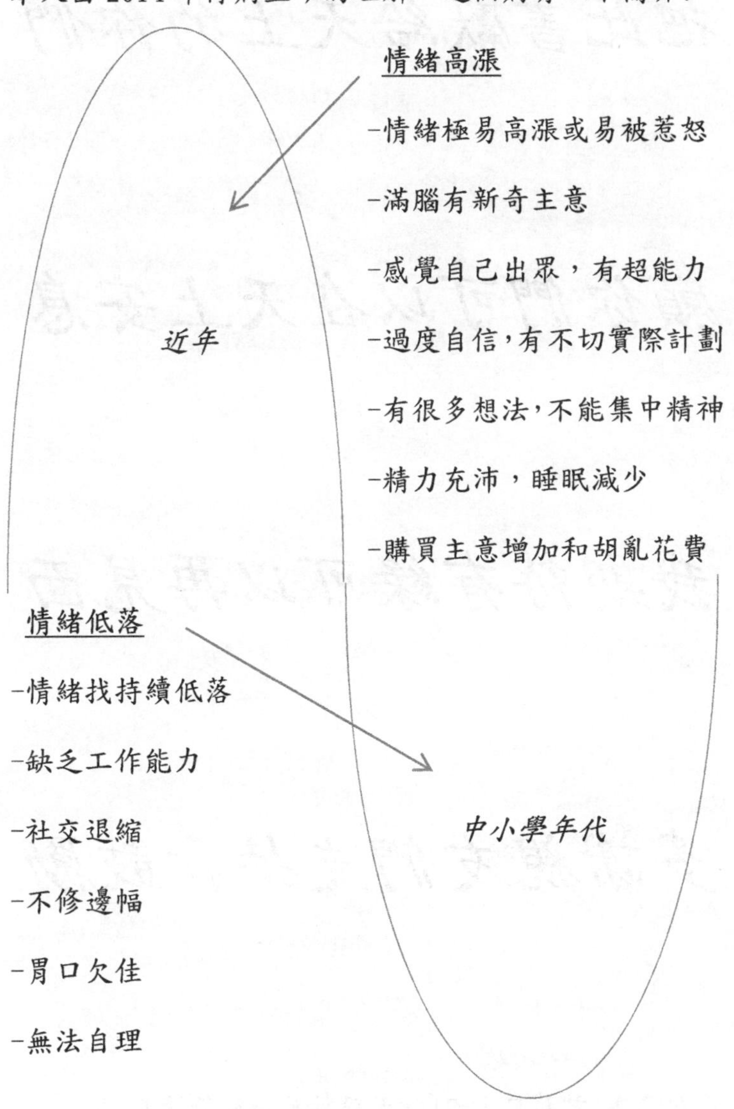

把此書獻給天上的你們

願你們可以在天上安息

我期待有緣可以再見面

多謝親友們支持和鼓勵

特別鳴謝:尹莉貞小姐(封面設計及技術顧問)